SERPIENTES

ESPELUZNANTES PERO GENIALES

I0811613

Julie K. Lundgren
Traducción de Pablo de la Vega

Un libro de El Semillero de Crabtree

CRABTREE
Publishing Company
www.crabtreebooks.com

ÍNDICE

SERPIENTES SECRETAS

Más de 2 600 tipos de serpientes viven sobre la Tierra.

Entre las más grandes están la anaconda verde de América del Sur y la pitón **reticulada**. La mayoría de las serpientes viven sobre tierra, pero algunas nadan en el mar.

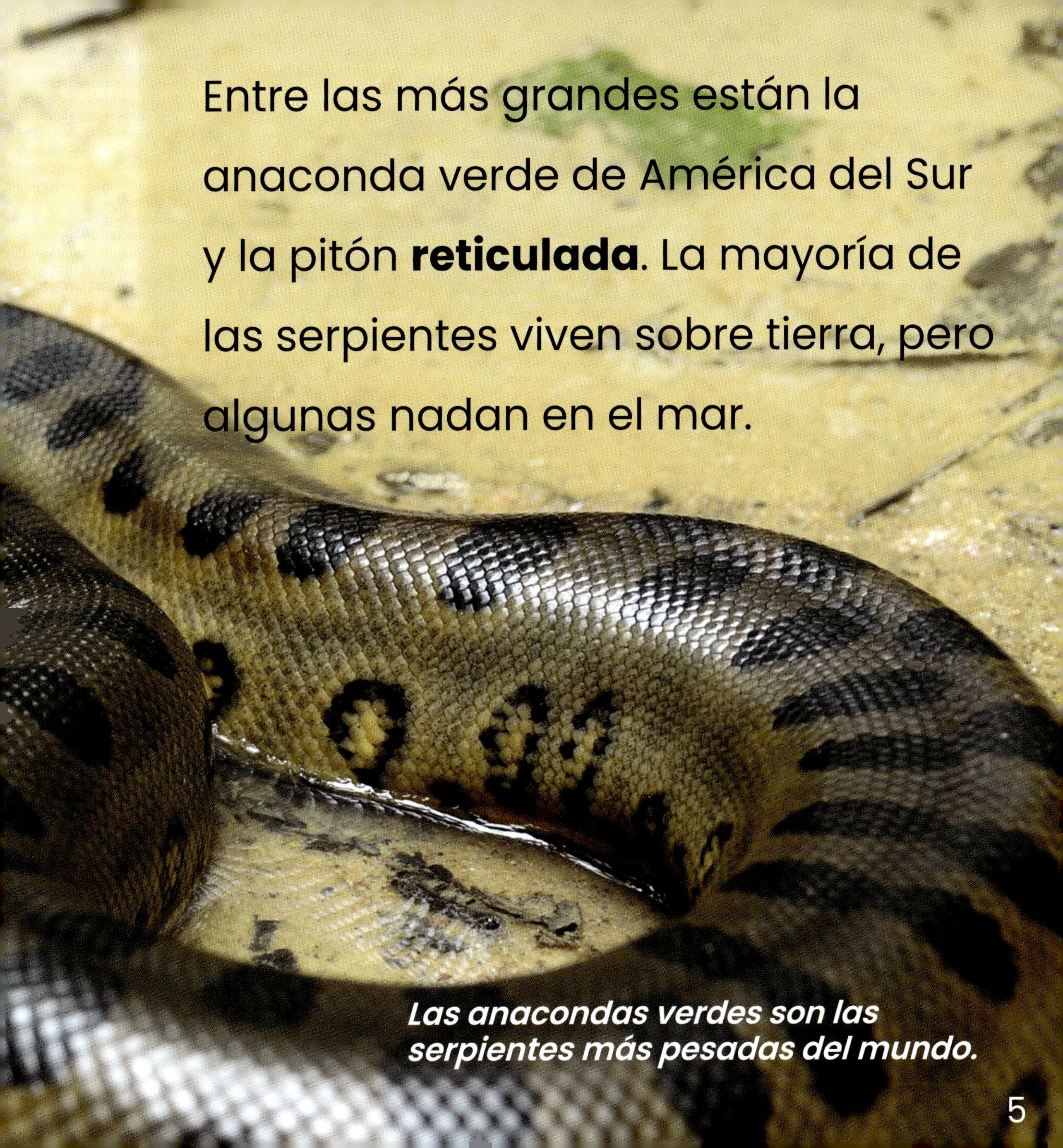

Las anacondas verdes son las serpientes más pesadas del mundo.

ACERCAMIENTO ESPELUZNANTE PERO GENIAL

La piel de las serpientes es seca y escamosa, no es viscosa.

Al igual que otros reptiles, las serpientes tienen escamas y usan su medio ambiente para modificar su temperatura corporal. Se calientan bajo el sol y se refrescan en la sombra.

serpiente de cascabel del Pacífico Sur

Las serpientes tienen distintos colores y patrones. Algunas los usan como **camuflaje**. Otras tienen líneas brillantes.

Las líneas rojas, negras y amarillas de la serpiente de coral funcionan como advertencia.

Las pitones arborícolas verdes pueden confundir su color con el de las hojas verdes.

DESLIZARSE Y RETORCERSE

Las serpientes usan sus músculos y escamas para retorcerse de manera **serpentina**, hacia el lado, o como una oruga.

bitis peringueyi

¿ESPELUZNANTE O GENIAL?

¿Por qué las serpientes son tan flexibles? Tienen una espina dorsal larga y centenas de costillas.

¿COLMILLOS O APRETONES?

Todas las serpientes son **carnívoras**. Pueden cazar roedores, ranas, insectos, aves, huevos u otros reptiles.

Las serpientes se tragan su presa entera.

Algunas serpientes matan con una mordida veloz llena de **veneno**.

La mayoría de las serpientes son inofensivas para la gente. El antiveneno cura las mordidas de algunas serpientes venenosas.

Los colmillos inyectan veneno.

Las **constrictoras** abrazan tan fuerte que la víctima no puede respirar y su corazón deja de latir.

Las pitones se enroscan y aprietan para matar a su presa.

SÚPER SENTIDOS DE LAS SERPIENTES

Las serpientes pueden oler y saborear el aire, y rastrear a su presa con la lengua. Sus mandíbulas pueden percibir las vibraciones de lo que camine cerca.

serpiente arborícola cola roja

¿ESPELUZNANTE O GENIAL?

Los hoyos entre sus ojos y boca detectan el calor.

Las crótalos tienen partes especiales que detectan el calor, lo que les permite cazar en la oscuridad.

CICLO DE VIDA DE LAS SERPIENTES

La mayoría de las serpientes ponen huevos. Cuando eclosionan, las serpientes bebé parecen serpientes adultas miniatura.

La culebra rayada es un tipo de serpiente que no pone huevos. Dan a luz a jóvenes serpientes vivas.

Las serpientes en crecimiento mudan de piel varias veces. Cambian la piel que les queda muy apretada, descubriendo una piel nueva y más grande.

Las serpientes adultas mudan de piel para reemplazar la que está vieja y gastada.

Las serpientes pueden vivir de diez a veinte años. Estos **depredadores** silenciosos ayudan a la gente porque comen insectos, ratas y ratones.

Las serpientes del maíz ayudan a controlar el número de roedores.

¿QUÉ SERPIENTE ES?

Relaciona los nombres de las serpientes con la fotografía correcta:

serpiente arborícola cola roja

serpiente de coral

culebra rayada

anaconda verde

serpiente de cascabel del Pacífico Sur

a.

b.

c.

d.

e.

Respuestas: **a.** anaconda verde **b.** serpiente arborícola cola roja **c.** culebra rayada **d.** serpiente de coral **e.** serpiente de cascabel del Pacífico Sur

GLOSARIO

camuflaje: Coloración o forma que permite que un animal se confunda con su entorno.

carnívoras: Que comen otros animales.

constrictoras: Serpientes que matan enrollándose alrededor de su presa y apretándola hasta matarla.

depredadores: Animales que cazan otros animales.

reticulada: Que tiene un patrón de marcas que parecen una red.

serpentina: Que se curva formando un patrón similar a la letra «S».

veneno: Sustancia inyectada con una mordida y que es usada para aturdir o matar una presa.

ÍNDICE ANALÍTICO

Apoyos de la escuela a los hogares para cuidadores y maestros

Este libro ayuda a los niños en su desarrollo al permitirles practicar la lectura. Abajo están algunas preguntas guía para ayudar al lector a fortalecer sus habilidades de comprensión. En rojo hay algunas opciones de respuesta.

Antes de leer:

- **¿De qué pienso que tratará este libro?** *Pienso que este libro es sobre serpientes espeluznantes. Pienso que este libro es sobre diferentes tipos de serpientes.*
- **¿Qué quiero aprender sobre este tema?** *Quiero aprender cómo evitar a las serpientes. Quiero aprender cómo a identificar a las serpientes venenosas.*

Durante la lectura:

- **Me pregunto por qué...** *Me pregunto por qué hay tantos tipos de serpientes en el mundo. Me pregunto por qué algunas serpientes pueden nadar.*
- **¿Qué he aprendido hasta ahora?** *Aprendí que la piel de las serpientes es seca y llena de escamas, no viscosa. Aprendí que las serpientes pueden olfatear el aire y rastrear a sus presas usando la lengua.*

Después de leer:

- **¿Qué detalles aprendí de este tema?** *Aprendí que hay más de 2 600 tipos de serpientes en la Tierra. Aprendí que todas las serpientes son carnívoras y que atrapan y se comen a otros animales.*
- **Lee el libro de nuevo y busca las palabras del glosario.** *Veo la palabra **camuflaje** en la página 8 y la palabra **veneno** en la página 14. Las demás palabras del vocabulario están en la página 23.*

Library and Archives Canada Cataloguing in Publication
Title: Serpientes / Julie K. Lundgren ; traducción de Sophia Barba-Heredia.
Other titles: Snakes. Spanish
Names: Lundgren, Julie K., author. | Barba-Heredia, Sophia, translator.
Description: Series statement: Espeluznantes pero geniales | Translation of: Snakes. | Includes index. | "Un libro de el semillero de Crabtree". | Text in Spanish.
Identifiers: Canadiana (print) 20210257490 | Canadiana (ebook) 20210257504 | ISBN 9781039618640 (hardcover) | ISBN 9781039618763 (softcover) | ISBN 9781039618886 (HTML) | ISBN 9781039619005 (EPUB) | ISBN 9781039619128 (read-along ebook)
Subjects: LCSH: Snakes—Juvenile literature.
Classification: LCC QL666.O6 L8618 2022 | DDC j597.96—dc23

Library of Congress Cataloging-in-Publication Data
Names: Lundgren, Julie K., author.
Title: Serpientes / Julie K. Lundgren ; traducción de Sophia Barba-Heredia.
Other titles: Snakes. Spanish
Description: New York : Crabtree Publishing, 2022. | Series: Espeluznantes pero geniales - un libro el semillero de Crabtree | Includes index.
Identifiers: LCCN 2021031756 (print) | LCCN 2021031757 (ebook) | ISBN 9781039618640 (hardcover) | ISBN 9781039618763 (paperback) | ISBN 9781039618886 (ebook) | ISBN 9781039619005 (epub) | ISBN 9781039619128
Subjects: LCSH: Snakes--Juvenile literature.
Classification: LCC QL666.O6 L8318 2022 (print) | LCC QL666.O6 (ebook) | DDC 597.96--dc23
LC record available at https://lccn.loc.gov/2021031756
LC ebook record available at https://lccn.loc.gov/2021031757

Crabtree Publishing Company
www.crabtreebooks.com 1–800–387–7650

Published in the United States
Crabtree Publishing
347 Fifth Ave.
Suite 1402-145
New York, NY 10016

Published in Canada
Crabtree Publishing
616 Welland Ave.
St. Catharines, Ontario
L2M 5V6

Written by Julie K. Lundgren
Translation to Spanish: Pablo de la Vega
Spanish-language layout and proofread: Base Tres
Print coordinator: Katherine Berti
Printed in the U.S.A./092021/CG20210616

Print book version produced jointly with Blue Door Education in 2022

Photo credits: www.shutterstock.com - www.istock.com. Cover © Audrey Snider-Bell. page 2-3: istock.com/Aulia Maghfiroh. page 4-5 anaconda © Patrick K. Campbell. page 6-7 © Rusty Dodson, close-up snake skin © Audrey Snider-Bell. page 8-9 coral snake © Patrick K. Campbell, tree snake © Zdenek Rosenthaler. page 10-11 © Arno Dietz. page 11 inset © srdjan draskovic,. page 12-13 © Trahcus. page 18 © Maria Dryfhout. page 15 © Andrew Burgess. page 16-17 © reptiles4all . page 17 inset © H. Krisp wikimedia commons. page 18-19 © Heiko Kiera, page 29 gartner snake © Matt Jeppson page 20 © manit321. page 21 © Patrick K. Campbell. www.dreamstime.com